U0029895

照明魔法

具體提案＋必備知識
營造有層次、有表情的空間感

村角千亞希 著
李瓔祺 譯

推薦序 （依姓氏筆畫排列）

　　對於照明，我一直有很高的興趣與敏銳度，空間裡的光線只要有些微變化就很容易察覺。而在東京觀察新的居住空間與商場時，照明的設計往往也是關注的一大重點，甚至愈來愈多空間的照明設計更隨著時間產生精彩的游移與變化。

　　說光線是空間的魔法師一點也不假，光雖然在空間上沒有量體，但在視覺上卻是扎扎實實地存在，扮演著營造氛圍的重量級角色。而光線的角度、位置、品質、效率、質地、顏色、亮度、形狀等等，都會影響一個人在空間裡最直接的感受，只要對於光線有多一分的了解，我們都可以是改變氣氛的照明設計師。

　　你想要製造什麼樣的生活情調？如何擁有像在日本般的照明氣息？甚至瞬間改變空間的氣質！相信在《照明魔法》書中，會帶給你豐富的生活靈感。

── 東喜設計工作室負責人／吳東龍

光是大自然給予人類最大的恩賜，萬物的一切因有了光而能存在。宇宙中光線的千變萬化，一直為人類吟詠，建築師、藝術家、攝影家、詩人們無不讚嘆著光。

對於照明設計師來說，透過光線傳遞情感、書寫空間、形塑文化，大至城市，小至家庭，光線都有其獨特的存在意義。而我們所處的空間也可以透過光線的布局、展演，形塑出各種不同的空間感、傳遞出種種不同的情感。我們會發現無形的光卻有著強大的感染力。

再者，家是我們每天生活的地方，在這裡我們與最親近的人生活、撫育下一代、體驗人生，所以更應該有優質的光環境。作者村角千亞希小姐，以實際操作演繹種種不同光線變化所帶來的感受，透過淺顯易懂的圖文，解說如何在家中施展照明魔法。讓光成為生活中療癒、感受幸福的重要因子。本書為一般讀者提供了探索照明的入門寶典。

—— 第33屆國際照明設計IALD獎卓越獎得主、原碩照明設計顧問有限公司協同主持人／**黃暖晰**

照明不只是光、影及物的交織變化，更內涵感官體驗。除了實用的照明功能，光讓空間有了感性的因子，因不同照明潛在地產生多種氛圍，成為人與空間相處的媒介。2014年米蘭發表的INTERLACED燈飾，靈感來自記憶裡從木窗看見的月亮，既模糊又清楚的感覺；透過燈具或現地的光、外在與內在的投射，產生光與影的交織，在不同的時段有了不同的體驗；是照明也可做為屏風，在室內也能感受光的微妙相互作用。本書除了提供多種照明的具體表現手法，還有照明應用的知識及觀念。透過簡單的手法，來認識家中的照明及需求，然後試著改變與空間的對話方式吧！

—— ViiCHENDESIGN 創辦人&黑生起司藝術設計總監／陳如薇 Vii CHEN

因為光，所以我們能看見……

「光」是實用的，也是浪漫的，為我們帶來生活上的便利，同時也讓我們享受著生活的溫度。不論是自然光或是燈光，都扮演著與人們密不可分的角色。

讀《照明魔法》，讓我用更輕鬆、饒富想像的心情認識「光」這位親密的朋友。從早晨、彩虹、黃昏時分到夜晚、至月光下、燭光，自然或人工照明都有著不同的樣貌。只要善加利用材質、環境和燈具，加上書中所介紹的各式豐富又實用的方法，相信讀者也能梳理出光與環境的關係，進而展開屬於自己的光之魔法。

我一直喜歡明亮的房子，因為能讓我有好心情。也一直重視光與空間的關係，因為當夜幕來臨，燈是空間的眼睛，有了光，空間就鮮活了！

—— 藝術家／龐銚

CONTENTS

照明的
BASIC LESSON **3** 享受夜晚的照明

COLUMN

☼

照明的 BASIC LESSON　**1**

——

享受
早晨與中午的
照明

太陽——我們生活所仰賴的重要元素。

從遙遠的太空彼端灑落到地球上的日光，

平等地照在每個人身上，象徵了和平的真諦。

彩虹、林間的斑駁日影，都是太陽的贈禮。

擁有強大能源的太陽光，

是存在於我們周遭的基本「照明」。

早晨，光線柔和的太陽，

帶有清新舒爽的感覺。

空氣中新鮮的濕氣、土壤散發的沈靜香氣，以及綠的氣息。

此時，溫柔且充滿正向能量的日光，

彷彿在一天開始之際，便悄悄地助我們一臂之力，

給我們帶來一整天的活力。

我們一邊迎著朝陽灑下的光線，一邊享用早餐，並為今天訂定計畫。

希望今天會是個充實而幸福的一天。

正因如此，更要盡情地感受朝陽洗禮的時光。

從現在開始，

就讓幸福的自然照明住進我們的生活吧。

LESSON
01

早晨醒來

讓新的一天
從沐浴在陽光下開始

　　打開窗簾，深深地吸一口新鮮空氣，趁著日光尚未變得熾熱之前，讓皮膚接受照射。早晨是一天的開始，也是感受氣溫、濕度、風、氣味、聲音，以及日光的重要時刻。能在每天早晨，玩味天氣及氣候的變化，感受日光漸漸變亮的過程是件幸福的事。

　　早晨充分沐浴在陽光下；夜晚入睡於黑暗的環境中，將助於調整生理時鐘，穩定睡眠週期。讓我們在明朗的陽光下展開新的一天吧！

▲ 在和煦且溫柔的陽光中，為每個早晨揭開序幕。
　望著從葉隙灑落的天光，隨風搖曳生姿的景象，悠然地展開新的一天。

———

在窗邊享用早餐

　　在陽光能照入的房間裡享用早餐，是最理想的。如果陽光無法照入室內的話，只要將餐桌設在窗邊，同樣能得到絕佳的效果。舒適地坐在自然光底下，邊感受自然光隨時間推移的變化，邊享用早餐是種奢侈的享受。

　　各位是否也有這種感覺：現代人幾乎一整天都待在人工照明的室內？但我們要提醒自己，早晨最好別開燈，盡量靠自然光度過。把握這段時間，讓自己和地球的作息同步。這麼做能沉澱心靈，使我們以平靜的心情展開一天的活動。

———

◀ 珍惜「只靠自然光」度過的時間。
　 神奇的是，自然光能穩定人的情緒。

LESSON
03

彩虹

賞玩極致幸福而華奢的
彩虹光芒

　　大人小孩都喜歡的彩虹，是一種讓人類可以欣賞到光的七彩光譜的自然現象。可惜的是，這是一種偶發現象，不能每天都看見。

　　然而，每個晴朗的早晨，我的家中都能看到彩虹在屋內穿梭巡遊，因為我在窗邊安置了一個小小的機關。只要將能反射光的物體，例如水晶或三稜鏡，放置或吊掛在直射光能照入的窗邊，就會反射出彩虹光芒。或者，放置一個利用太陽能旋轉的「彩虹製造機」，使彩虹的七彩光芒在屋內旋轉舞動。光線熾烈的夏日早晨，我總是會起個大早，滿心期待著觀賞彩虹的即興演出。

　　您也不妨藉助太陽之力，讓穿梭的彩虹為室內更添光彩。

▶ 彩虹製造機製造出的彩虹。
日本將彩虹分為紅、橙、黃、綠、藍、靛、紫七種顏色。
但英國和法國認為彩虹是六色，德國甚至認為彩虹只有五色。

Rainbow Maker SINGLE
KIKKERLAND：H140・W50・D30mm
設置在窗邊的彩虹製造機，另有桌上型的產品。

與光線爭奇鬥妍的「影子」魅力

　　當我們注意到光線時，勢必也會注意到影子。美麗的光線，總是伴隨著美麗的影子。

　　心形葉子的影子，歷歷可見地落在書桌上；行道樹和玻璃杯的影子，模模糊糊地映在咖啡廳的餐桌上；孩子動態而開懷的影子，投影在牆壁上；鯉魚旗的影子，落在陳列展示品的區域。

　　享受照明的第一步，就是從生活中這些小小的發現開始。在我們習以為常的日常中，經常藏著令人驚豔的「影子」，請您也一起來找找看吧。

◀ 出現在客廳牆面上的鯉魚旗的影子。
　每當我發現日常生活中的「光」與「影」時，總是會忍不住凝視許久。

自然素材

講究光與自然素材的搭配

我家裡用來分隔洗手間和浴室的牆壁，採用了淺粉色的泥作牆面。照在牆上的光線會柔和地反射回來。

講究照明得仔細挑選被照射物的「素材（材質）」。

每種素材接受照射後的變化各有不同。閃亮地將光線反射回去、柔和地讓光線暈成一片，或者沉穩得有如能吸收光線一般⋯⋯無論是自然光或人工照明，了解素材受光時的各種表情，是讓「光線」富有變化的祕訣所在。

木頭、石頭、泥作、紙、棉製品等自然素材，在受到光線照射時，能表現出素材本身的美，進而讓人獲得寧靜的氛圍與愜意的心情。挑選觸感上和遠觀時，會令人感覺美好的自然素材，來為我們提高照明的效果吧。

糙葉木（邊桌）／能使光線暈散開來的代表性素材。會隨
著歲月而增添風味。

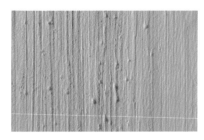

泥作（牆面）／用混合了灰泥和染色後的矽藻土的塗料粉
刷，是種在壁面留下刷痕的工法。直向的刷痕具有美化自
然光的效果。

大理石（廚房台面：品牌Bianco Carrara）／光滑的表面在
光線照射下，會發出亮麗的光澤，並恰到好處地映出四周
的倒影，十分具有豪華感。

白布料（床罩）／布的皺褶與質感，能呈現出美麗的陰影，
因此可在挑選時多加講究。

植物（盆栽）／葉片薄而色淺的綠色植物，在光線照射下，
綠色部分會顯得鮮艷而水嫩。

馬賽克磁磚（牆壁）／當受到照射時，磁磚表面會閃閃發
亮，可為室內增添特色。

積木（裝飾品）／細部製作精緻、顏色鮮明，以及偶然堆
疊而成的形狀，如同藝術造形物一般，置於光線下更顯美
感。

毛皮製品（沙發套）／能吸收光線呈現出鬆鬆軟軟的感
覺，看起來十分溫暖，散發出令人感動的存在感。

自然素材

挑選消光性佳的室內裝潢素材

我家走廊上的白色泥作牆壁。這是我在泥作師傅的指導下，塗抹出來的紋路。牆壁的表情會隨著照明的強弱與方向而改變。

　　提高照明效果的最大關鍵在於，選對能與光線相互輝映的素材。地板、牆壁、天花板是構成室內裝潢的基本要素，而這些基本要素的理想素材必須能徹底消光。因為素材只要有任何一點光澤，光源就會倒映其上，使人有刺眼、煩雜的感覺。室內裝潢中，包括家具等占有大面積的物件，都必須挑選表面經過消光處理的素材。

　　灰泥等塗料漆成的泥作完成面，是搭配照明的最佳拍檔，也是我十分喜愛選用的素材。在塗裝上選擇「消光」處理，完成面選擇「油性漆面（Oil Finish）」的話，當光線打在表面時，能夠柔和地暈散開來。另外，塗裝的顏色若選擇略帶淡黃的白色（象牙色），可帶給人溫暖而穩重的感受。

完成面油性塗料（地板：櫟木材、浮造工法¹）／天然油會滲入素材中，使表面不帶光澤，與照明形成完美的搭配。浮造工法會使表面微微地凹陷，光著腳行走於上不僅舒適，還能看見微小的陰影。

素燒消光（鋪面：紅磚）／以泥土為原料製成的紅磚，觸感既佳，又能表現出泥土的素雅簡樸之美。顏色上選擇黑色的話，就能吸收光線，給人雅而不華的印象。素材雖然簡單，卻費工地鋪排成人字形，這種手工感也是其迷人之處。

消光塗裝・灰色（牆壁）／牆壁的塗裝用消光處理作結。牆面能有效吸收光線，因此不會產生礙眼的倒影，給人高雅的感覺。若用於間接照明，則更需要選擇消光的塗料。

消光塗裝・象牙白（牆壁）／白色的牆壁應該更講究使用哪一種「白」。略帶淡黃的象牙白，能使空間產生柔和的氛圍。我家則是選擇略偏粉紅的色調。消光處理當然也少不了。

1 「浮造工法」是項傳統的工藝技法。藉由刷磨木頭表面柔軟的部分，使其表面產生凹陷，得到立體紋路效果。

讓陽光穿透窗簾
輕柔地灑落

　　午間陽光較強時，拉上窗簾，不僅能適度地遮住自然光，倘若使用白色的布料，還能為室內帶來柔和的光線。「障子」是指糊上和紙的格子木框，由於經常出現在日式建築的門窗上，具有調節室內自然光的功能，因此在日本文化中備受重視。而具有穿透性的窗簾，可說是現代版的障子。

　　我家寢室分別設置了白色窗簾和蟬翼紗（Organdy）兩種窗簾。之所以要如此講究，是因為考慮到窗戶的方位、從窗外看屋內的視線，會需要不同透視程度的窗簾。白色窗簾選擇閉合時，碎褶仍清楚可見的款式，如此一來能讓窗簾在柔和的白光中，強調出素材的質感。

◀ 透過窗簾感受到的柔和光線。不但能適度地阻隔外來的視線，同時也能將自然光引入室內。

▲ 我家玄關上方只有空蕩蕩的天花板和兩盞照明，藉以營造簡約的氛圍。
　當我們慎重地打開第一盞燈後，對接下來的第二、第三盞燈也會變得慎重其事。

08

玄關

以微弱的照明營造簡約感

　　玄關是連結住家內外的空間，不妨用照明為這個場所營造表情。對居住者而言，玄關照明能否讓人感受到「回到家了」的安心感與舒適感是十分重要的，同時也是接待訪客時不可或缺的裝置。

　　我家玄關是一條筆直通往走廊的細長空間。此空間，我特別重視「中性的心情」。因為出門在外，我們會感受到各式各樣的光線，因此回到家後就可先在此把情緒歸零，使居住者或訪客都能轉為「平靜的心情」。天花板上只有安裝兩盞像麻糬冰淇淋般的圓形間接照明。

　　在玄關，因為有鞋子穿脫的需求，而必須重視上方照明的機能，因此安裝了多顆可調整亮度的 LED 球型燈泡，確保玄關得到充足的亮度。白天回到家時，因為室內外自然光的落差，使人感到屋內較為陰暗，此時不妨將玄關的照明亮度調高。但無須將所有地方都調到最亮，只要在必要的地方調整到必要的亮度，製造出「有明有暗的照明效果」才有美感。

如火焰般的
愛迪生燈泡

一百多年前，愛迪生發明了白熾燈泡（愛迪生燈泡）。如今，隨著螢光燈、LED 燈等省電照明的研發愈來愈進步，白熾燈泡已逐漸跟不上時代的腳步，但仍有許多白熾燈泡的愛好者認為，白熾燈泡能帶給人一種獨特的平靜感。

白熾燈泡人氣不墜的祕訣，似乎在於它的發光原理。白熾燈泡的發光原理是透過燈絲的燃燒產生光芒。另一方面，螢光燈是屬於氣體放電燈的一種，LED 燈則又稱為發光二極體，是利用半導體電子元件和電流發光，這兩者都是透過科學原理運作。在蠟燭的章節中，將會談到「$1/f$ 雜訊（$1/f$ noise）」（請參閱LESSON 24），而白熾燈所發出的光芒，也會讓人感受到這種「$1/f$ 雜訊」。

隨著時代變遷，我們對燈的使用方式也在改變，但根據不同的地點、時間，選擇最適合的燈源是相當重要的事。掌握燈的相關知識，善加利用各種燈源，我們的生活才會因為對照明文化的重視，以及對照明品質的講究而變得更加豐富。

▲ 白熾燈泡的發光原理和火炬一樣都是靠燃燒產生亮度。
　這是一種帶有懷舊與溫柔感的照明。

享受
黃昏時分的
照明

黃昏時分，溫暖的淡粉色將天空染成一片。

日落，每天都會降臨，

我們卻不可能遇見相同的晚霞。

淡紫、粉紅、橘色、金色、暗紅……

天空的顏色一點一點地變換，時而清澄，時而暗濁。

雲的流動時而緩慢，時而快速。

感受著此時才有的風和季節的香氣、

既愁思又喜悅的片刻。

天空的表情時時刻刻在變化，轉眼間夜暮低垂。

回過神來，發覺四周已籠罩在黑暗中——這樣的經驗您是否也曾有過？

正因為生活在繁忙的日子裡，更該在三十分鐘不到的日落時分，

好好地欣賞天空的變化。

而黃昏更是一個自然光與燈光，燭光等人工光，

開始相互融合的特別時分。

您也不妨試著沉浸在此刻創造出的特殊光線之中

盡情地享受黃昏的餘韻。

過渡時間

09

過渡時間

入夜後瞬間變得安靜

　　黑暗逐漸籠罩天空的時分，也是在家中會感到「差不多該開電燈了」的時候。此時，請別開燈，試著花點時間，凝視只有自然光的時刻吧。看著家中各式各樣的物品緩緩地與陰影的黑同化，這樣的過程是多麼美麗。

　　人的眼睛在適應環境的突然變亮上，可不費吹灰之力，但適應環境的突然變暗，卻需要花一點時間。所以，不妨把這段準備迎接夜晚的時間，當做帶領我們慢慢過渡到黑暗的時間。

　　在一天結束之際的短暫片刻，思考要怎麼享受接下來的夜晚。對我而言，這或許就像是一個小小的儀式。

◀ 不要開燈，享受夜暮漸漸低垂的片刻。

LESSON
10

慢慢地開燈

—

像點蠟燭般點亮照明

　　天色變暗後打開的第一盞燈，是最重要的一盞。不要一下子就把家中所有照明都打開，試著一盞一盞慢慢地點亮。在我家，我會先打開廚房四周的照明。接著是餐桌區域，如果要和家人在客廳度過，就會把沙發四周也點亮⋯⋯像這

在立燈上安裝用來調整亮度的調光器，開燈時緩緩地增加亮度，就能讓情緒與照明一起慢慢被點亮。配合心情，逐步調節出自己喜歡的亮度。

樣，配合人的活動空間一處一處地點亮照明。如同點亮蠟燭般，一盞一盞逐步地點亮。

奇妙的是，當我們這麼做時，就會發現接下來度過夜晚的方式，也會隨之改變。

珍惜幸福洋溢的
「外洩光線」

　　日暮之際，看到家中的「外洩光線」時，腦中就會浮現一家和樂融融的畫面。這是多麼幸福的瞬間。白天，家人各自為課業或工作而忙碌；到了晚上，才有時間與家人朋友團聚，圍著餐桌享用愉快的晚餐。

　　經常有人問我，房子的外觀照明要如何營造？該不該打燈？⋯⋯但實際上，根本無須過度的照明。黃昏時分，從窗戶外洩出的燈光，就能成為房子的外觀照明，並與夜晚街道上的照明串連成一片燈火連綿的景致。

————

➤ 從窗戶溢出的外洩光線，能讓人感覺到屋內有人，並在腦中浮現愉快又溫馨的場面。

外洩光線

▲ 不開吸頂燈，先從立燈等近身的照明開始點亮。

OFF !!

12

試著減少

從換掉吸頂燈做起

　　多數家庭都會在房間的天花板正中央，裝設大大的吸頂燈。因為吸頂燈的發光面大，只要一盞就能照亮整個房間，兼具效率性和機能性，十分便利。而即使在白天，像是昏暗的陰天、或是進行需要亮度的作業時，也會使用吸頂燈。但當我們要慢慢地迎接夜晚的到來時，吸頂燈其實是相當不合適的照明。

　　第一個原因是，吸頂燈太亮了。過亮的光會使身心無法放鬆，往往會不自覺地忍耐著度過，導致身體無法好好休息。

　　第二個原因是，僅用單一照明就解決所有需求。裝設在天花板正中央的照明器具，在強調效率下，將整個房間照得無處不亮。但是夜晚時，與效率相比，應該以能帶給人平靜感的光線為優先。各位不妨嘗試看看不要開吸頂燈，在日常生活中只在必要的場所，點亮立燈、吊燈等「近身的照明」。您會發現彷彿變成另一個房間般給人沉穩的感覺，日子也變得更加輕鬆舒適。

LESSON

13

強力立燈

————

用「強力立燈」
營造樸質的光線

　　內裝發光效率優越的燈泡（相當於白熾燈 100 ～ 200W），能讓光線充分擴散的立燈，稱之為「強力立燈」。立燈的遮罩部分會將白光擴散開來，照亮地板、壁面、天花板和四周。

　　只要一盞強力立燈，就能得到充足的亮度，因此在同一個空間裡，若非必要，就不必再多設置其他照明器具。這樣，天花板也能簡單做成極簡的設計，營造一個令人感到放鬆的空間。

　　需要機能性、又追求舒服的光線時，不妨嘗試放置一盞強力立燈看看！

————

◀ 若想改變因太多照明器具導致過度明亮的話，可以改放一盞造型簡單的立燈。

用光線包覆沙發的低處照明
令人心情愉悅

　　輕鬆窩在喜愛的沙發上時，若有一盞來自地面的間接照明，就能營造出特別的氛圍。

　　要打造出這種間接照明，有一個簡單的方法，就是將照明器具放置在沙發後方。在白色壁面和沙發之間留出一道空隙，並將照明器具設置於地板上。牆壁與沙發的空隙，瞬間成了燈光的通道，光線從地板沿著牆壁向天花板擴散開來，如此一來，上照式的照明就完成了。

　　低處照明能演繹出愜意的氣氛，沙發輕飄飄地浮在光芒中，感覺起來十分神奇，讓坐沙發也變得令人期待了。

須隔開
5cm 以上!!

▲ 在沙發後方設置照明，能輕鬆獲得間接照明營造出舒適的光環境。

只要在照明器具和插座之間裝上on／off按鍵式開關，就能方便開關（請參閱COLUMN 6）。

別忘了花點巧思，利用收納盒等物品將光源隱藏起來。

不過也要留意，照明器具上不可以覆蓋任何物品。因為燈具過熱的話，有可能釀成火災。

為了讓光線通過並充分擴散，照明器具與牆壁之間必須留一道5cm以上的空隙。

光的漸層與留白的美

在家裡，我很喜歡有一個必須與光線搭配的裝潢，那就是「一大片全白的牆壁」。在偌大的白牆前，放置一盞立燈，壁面瞬間變成一片巨大的反射板，使光線得以柔和地擴散開來，形成美麗的漸層。

實際上要留下一大片壁面卻是意外地困難，因為我們往往會想擺個櫃子，或放個家具、電視等等。為了「欣賞光的漸層」而特地留下的全白牆壁，是一種「留白的美」。

這片白牆我堅持使用泥作牆面。泥作的細膩做工，使白茫茫的一面牆上，顯現出細部的陰影。

◀ 我家客廳裡的一面泥作牆壁。是為了珍惜「留白的美」「光的漸層」的感受。

▲ 這裡使用了五種照明：照亮中島的下照燈、設置在吊櫃底部的流理台燈、能看清楚櫥櫃內部的
下照燈、櫥櫃一角的小立燈、以及裝置在牆面上的壁燈。
其中，牆上的壁燈是在咖啡杯中安裝鹵素燈泡而成的裝置。湯匙是它的拉線開關。

Light au Lait
INGO MAURER：H320 ψ147·D150mm

利用照明享受烹飪過程

進行烹飪的地方，需要足夠明亮才行。最佳的明亮度大約是感覺「稍微亮一點」的程度。

我家裡雖然也有那種五種功能式的照明器具，但因為每一盞照明都有各自的用處，所以沒有任何一盞是多餘的。將照明分別設置在需要的地方，能讓每個場所自成舞台，展現出各自的魅力。

如果廚房和客廳、飯廳是合為一體的格局，設置照明時將廚房視為「客廳的延伸」，就能使廚房與整個家裡的氣氛融合，設計出高質地照明的廚房。

烹飪結束後留下廚房的燈光

　為廚房準備兩種不同模式的照明，一種是使用中的「工作模式」，另一種是待機中的「睡眠模式」——就能讓廚房在不同時間，營造出不同面貌。工作模式是考量廚房作業所需的明亮照明，反之，睡眠模式則是烹飪結束後，讓人感到放鬆的照明。烹飪結束後的用餐時間，將料理台的照明亮度調弱；用餐結束後的休息時間，再點亮壁燈和下照燈。時而點亮，時而關掉；時而增強，時而減弱。利用兩種以上的照明，可讓廚房展現出更豐富多層次的面貌。

　喜歡亮度充足的人，螢光燈、LED 等流理台燈是十分方便的選擇。喜歡在廚房一邊聽音樂一邊慢條斯理做菜的人，建議可在台面上放置立燈。若立燈是可調整亮度的白熾燈，就能讓廚房無論在烹飪中、或結束後，都有不同的表情變化。

◀ 在廚房料理台上放置一盞立燈，就能散發微微的亮光，讓人在休息時倍感舒適。

LESSON

18

書房

———

微微照亮周圍的
書房照明

　　最近，在書房裡翻開書籍、資料的人變少了，因為現在大多數人都在電腦上作業，所以充足的亮度不再是書房的必要條件。間接照明的光柔和，不會對眼睛造成負擔，是適合電腦作業時的照明方式。

　　再者，由於以夜晚為主要時間帶使用書房的人愈來愈多。因此像利用調光功能調弱光線，讓身心處在弱光中慢慢準備就寢等的細節考量，也變得很重要。這時，可攜帶式的小型桌上型立燈、折臂式的照明器具等，都有很好的使用彈性、相當方便。

▲ 如果只會使用電腦的話，書房的照明不妨調弱。
可加裝手邊調光器，方便隨時調整（請參閱COLUMN 6）。

LESSON
19

書架

——

書架上放置小立燈

　　小立燈適合放在任何場所，非常便利。除了放在桌上或書房、兒童房以外，放在書架裡意外地效果相當好。讓書架裡的一層變身成燈光的展示架。既能在找書時發揮手邊輔助燈的效果，又能讓這個區域化做小小書齋般的舒適空間。

　　只要在安置書架時，在牆壁與書架之間留下一條電線寬的縫隙，前置作業就完成了。

——

▲ 在書架的一角放入一盞小小的立燈，就能在燈光的照射下，使書本與裝飾品充滿情調。
可加裝手邊調光器，方便隨時調整（請參閱COLUMN 6）。
MISS SISSI
FLOS：H284．φ143mm

利用立燈
輕鬆打造間接照明

　　打在牆壁或天花板上反射回來的光，稱為間接光。一般的間接照明需要透過裝修工程來完成，但利用立燈其實也能製造出間接性的照明。

　　利用立燈製造間接照明的重點在於，先找一面沒有雜物的牆壁或天花板，讓照明得以發揮最佳的反射效果。當光源打向天花板時，會讓天花板有種更高挑的錯覺。若光源打在牆壁上，選一面乾淨的白牆效果會最好。利用間接照明還能營造出更寬敞的空間感。

　　此外，間接照明若設置在沙發或躺椅等消磨時間的場所時，就能變成專屬該場所的特殊照明。

► 上照式的間接照明立燈，淡淡地照亮空曠的白色天花板或牆面。
　可調整高度和光源角度的製品，較為實用。
　可加裝腳踏式電源開關，方便控制開關（請參閱COLUMN 6）。
　LOLA
　LUCEPLAN：H1570 ～2260・φ480mm

照明的種類
與視線的高度

01 站立時

活動時的照明，必須能有效且平均地照
亮整個房間，因此適合用機能性強的照
明。例如，吸頂燈、下照燈、照射天花
板的間接照明等等。

02 坐在餐桌前時

必須配合坐在餐椅上的視線高度，挑選功
能性強的照明，同時也要能營造出輕鬆舒
適的氛圍。吊燈、落地立燈等燈具最為適
合。

居家照明器具的種類繁多。照明的「高度」十分重要。在符合視線高度的照明中生活，不但具備機能性，而且能讓人感到心情愉悅。站立時、坐在餐桌前時、坐在沙發上時、坐臥在地板上時……不同的情況有不同的視線高度，必須隨著視線的高低，調整照明的位置。您會發現這麼做竟能使心情愉悅，還能營造出特別的「場域氛圍」。

04 在地板上或坐或臥時

在地板上或坐或臥是使人感到最放鬆的姿勢，此時視線也會變得相當低。落地立燈等較低矮的照明，與悠閒自得的心情一拍即合。同時還能欣賞到視線前方的物品，柔和地浮現在燈光下的優美一面。

落地立燈
（較矮）

03

地面放置型的
立燈

桌上型立燈

04

間接照明

03 坐在沙發上時

坐在沙發上時，視線會變得更低。因此挑選能令人感到放鬆的微弱照明就足夠了。較低的立燈是十分方便的選擇。

善用光線的倒影

室內裝潢中，能承接光線的素材十分重要（請參閱 LESSON 5）。在我家，廚房料理台的牆面上貼了馬賽克磁磚，當料理台燈的光線照射時，就會閃閃發光，磁磚還會倒映在料理台面的大理石上。如此美麗的倒影，非

さ安装在吊櫃下方的照明，照射在馬賽克磁磚上會產生閃閃發光的效果。

常吸引目光。不過，也會有一種情況出現，就是連原本想隱藏起來的光源
也一併倒映在有光澤的素材上。這時，只要放置綠色植物遮住倒影即可。

LESSON
22
夾燈

———

可廣泛使用的夾燈

　　可夾在各種物品上的夾燈，只要選擇外型小巧、造型簡約的款式，就能不挑場所、在任何地方都可隨意使用。

　　像是書架上、小孩的玩具區或廚房的櫥櫃上，甚至是椅背上，夾燈都可當做一種展示燈，加裝在各種地方。此外，只要將夾燈照向裡邊牆面，還能享受簡單的間接照明效果。也可在燈具的近處擺放盆栽，藉光線投射出美麗的剪影。

　　夾燈的應用方式多變，不妨發揮創意，利用夾燈為生活帶來更多照明的樂趣。

▲ 將夾燈夾在椅背板上，讓光線照射在喜愛的書上，就能創造出一個別緻的展示空間。
TOLOMEO MICRO PINZA
Artemide：H 最大275．W110．D 最大160mm

23

大型立燈

大型立燈
可代替吊燈

　　用大型立燈代替吊燈，這樣的突發奇想是不是很有趣？大到有點滑稽的立燈，只要天花板夠高、放置底座的空間足夠的話，實際上是十分便利的選項。立燈給人的印象往往是使用於沙發角落，但只要裝有 100W 左右的光源，亮度就相當足夠，不但足以照亮餐桌，而且只要接上插座就能使用，因此在改變家具的陳設時，也能隨心所欲地配合移動。

　　當客廳和飯廳是一個連續的空間時，只要其中一處使用了大型立燈，就能營造出照明的強弱變化，形成不同的舒適感受。

◀ 大型立燈也能配合餐桌使用。
　 先測量放置場所的寬度和高度，再選擇器具。
　 TOLOMEO MEGA TERRA
　 Artemide：H 最大 3325・φ420・D 最大 2160mm

讓
蠟
燭
成
為
實
用
的
照
明

▼ 高長型
插入燭台使用的柱狀、長錐形蠟燭,只要將多根排列在一起的話就會變得很亮。
若放在冷氣口等受風處,燭火會隨風搖曳,必須留意蠟會不會掉落至燭台外。
基本款的放置型蠟燭只要放在高腳燭台上,燭光就可以很容易地擴散開來。

　　燭光既討人喜愛,又能讓身心放鬆,不妨在生活中多加利用燭光。燭光就
如同星星的閃爍、大海的波浪等自然現象一樣,視覺上都具有「1/f 雜訊」的
效果,因此能為夜晚的時間增添層次感。

　　蠟燭有各種不同的高度,但基本上可分為兩類,一種是可平穩放置的低矮
型,另一種是印象中經常使用於晚宴上的高長型蠟燭。

▼ 低矮型
　放在燭台裡的茶燈蠟燭，優點在於能讓人輕鬆地享受燭光氣氛。
　不僅能持續燃燒約4小時，且價格便宜，可天天使用。
　挑選杯型燭台時，建議選擇底層不會遮住燭光的透光材質。
　基本款的放置型蠟燭可放在玻璃等材質做的盤子上。

　　低矮型蠟燭雖然可隨意放置於任何地方，但缺乏亮度。相對地，高長型蠟燭則能照亮整張桌子和每個人的臉，讓四周充滿情調。不過，低矮型的蠟燭也可使用燭台增加高度，使蠟燭的高度和人坐在桌邊時的視線同高度，就能發揮「強力蠟燭」般的威力。只要製造出光源的高低差，就能營造出華麗的氛圍。另外，若要享受燭光氛圍，就必須降低屋內的照明亮度。

慵懶的照明有如香水

　　柔和的有色光線彷彿氣味般瀰漫於室內。若在走廊等不會停留太久的空間中，設置一些有色照明，就能讓人在經過時，感到興奮雀躍。這樣的照明如同香水一般，會在兩人錯身而過之際，擄獲對方的心，並留下印象。

　　照明選擇淺色調，能帶給人溫和的感覺。為光源的顏色準備普通版和有色版，就能依白天和黑夜等情境選擇不同顏色。此外，若是有色LED的話，還能根據當下的心情，調整光的強弱與色調，相當便利（請參閱 LESSON 39）。

　　如果要在細節上增加一點特色的話，光線投射的牆面、或天花板的色調和質地，將是一大重點。為素材表面塗色，變成有「表情」的質地，就能透過反射光讓色彩柔和地擴散開來。

　　有色照明還可當做空間調味料來使用，在想要安靜地度過的時刻、像是晚間的休息時間等，有色照明能發揮讓心靈得到休憩的效果。

➤ 我家走廊使用了LED照明，可以自由自在地變換顏色，光線還會外洩到客廳和飯廳。
　搭配泥作牆面，能製造出更饒富情趣的景致。

用燈光裝飾角落

在角落的暗處增添一點小小的照明，就能讓人的視線忍不住在此停留，形成一個充滿魅力的「燈光角落」。在喜愛的展示品旁邊，放上一盞小立燈，欣賞展示品在燈光的烘托下所展現的風情。

還有一種方式是在角落設置「躲貓貓燈光」。也就是在電視、電腦、盆栽等物品與牆壁之間，放置隱藏式的小型照明器具。這麼一來，就能擁有一個

▼ 角落處，照亮喜愛物品的簡易小立燈。
TAB
FLOS：H327mm、W273mm、φ175mm。現有產品為「TAB LED」。

不會暴露光源的超迷你間接照明了。不過，一定要將光源隱藏起來才有效果，
因此留意隱藏的位置，避免讓人從側面輕易看到光源。

　不妨也在空間的盡頭、房間角落或死角等處，選擇一處適合躲貓貓燈光的
地方，試著設置一個裝飾性的照明。

▼ 金屬絲的有色電線，可當做玩具隨意做造型。
LineMe
└ 約 2 E（型號Basic & Ceramic & Wired）／約 3 E（型號Accent）

LESSON
27

孩子的照明

——

送孩子一盞燈
做為禮物

　　為孩子挑選一盞他們抓握得住的「小型照明」，在交給孩子時，告訴他：「這是你的燈燈哦。」他們就會小心翼翼地拿在手中把玩。因為，照明本來就不只是看書時用來保護眼睛的「設備」，而是一種「美麗、好玩又迷人的東西」。

　　準備合乎孩童身高、較矮較小的照明。同時，安全層面的考量也很重要，比方說不易被推倒等。將照明裝設在櫃子後方之類的地方，從地面向上擴散的光線，對孩子會有迷人的戲劇效果（請參閱 LESSON 40）。此外，若要顧及深夜醒來的需求，可選擇有調整亮度功能的照明。

　　小型照明很討人喜愛。讓孩子從小就開始認識照明的魅力吧。

——

◀ 在配合孩童視線高度的桌子後方，安裝用於間接照明的軟燈條（tape light），
就能營造出渲染力十足的燈光。
陳列在桌上的玩具也會被襯托得格外迷人。
BIRDIE（吊燈）
INGO MAURER：H100．φ700mm

Cestita（落地立燈）
Santa & Cole：H357（287）．φ215mm

用些許照明
讓庭院如夢似幻

　　庭院裡若稍微添置一些霓彩燈飾，看起來就會像祕密花園般，不禁令人想往深處窺探。燈飾要能引人想像又可愛，就要使用造型簡單、小巧、燈泡色的燈飾。

　　而且，要趁著黃昏時早一點兒點亮庭園、露台的照明。當夕陽緩緩西下，逐漸被染成一片藍色的天空，與霓彩燈飾融合起來盡收眼底，更是一大視覺享受。這段時間，只有短短的十分鐘左右，若想欣賞屋外的霓彩燈飾，千萬別錯過這個時機。

　　由於屋外的霓彩燈飾，會直接化做街上的照明景觀，因此也必須顧慮到左右鄰居的感受，建議適度使用可融入街景中、柔和又沉穩的照明。

▲ 親戚家的庭院。
屋主親手布置的霓彩燈飾。
BBQ烤肉區的四周顯得十分浪漫。

蠟燭
講究材質與工具

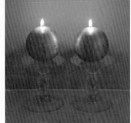

▲ 配合心情使用各種材質與形狀的蠟燭，例如蜂蠟蠟燭等。

蠟燭上暖暖的焰火搖曳，彷彿帶著我們進入一個遠離日常生活的世界。蠟燭充滿魔力，只要點燃燭火，就能讓氣氛為之一變，美麗、珍貴，又緊扣人心。

蠟燭的原料種類繁多，一般常見的是使用了石蠟（石油化合物）的蠟燭。有精煉過的，也有未精煉過既嗆鼻又刺激眼睛的，挑選時最好多加留心。植物性蠟燭也有許多種類，包括蜂蠟蠟燭、椰子油蠟燭、大豆蠟燭，以及日式蠟燭等等。其中，蜂蠟蠟燭放在房間裡不用點燃，室內也會瀰漫著濃濃甜甜的蜂蜜香，使人沉浸在既奢華又舒暢的氣味中。

另外，享受燭光時，還有各式各樣的祕密道具可供使用。像是防煙滅燭罩、燭芯剪等方便熄滅火焰的道具。此外，利用祕密道具好好地保養蠟燭的蠟和芯蕊，可以更長久地欣賞美麗的火焰。擁有這樣的祕密道具，也能更進一步地享受蠟燭之美。

點蠟燭時的祕密道具

長柄打火機、長柄火柴棒

點火時，使用長柄打火機或長柄火柴棒，不但安全也較容易點著蠟燭。

挑蕊器

保養蠟燭的道具，用於調正芯蕊的狀態。另外，當芯蕊埋在蠟裡，可用挑蕊器挖開蠟，取出芯蕊。或者當蠟被燃燒化為液態時，可將不慎掉入的細碎髒汙、灰塵挑出。

燭芯剪

又稱剪燭器。專門用來修剪蠟燭芯蕊的剪刀。芯蕊太長會使燭火燒得過旺，是產生黑煙（煤煙）的原因，讓芯蕊長度保持在2～5mm左右最適當。這種剪刀有小托盤的設計，能接住芯蕊以保持蠟燭的潔淨。

防煙滅燭罩

用防煙滅燭罩熄滅燭火，能防止蠟溢出，十分方便。另外有一種稱為燭芯鉤的熄火工具，方法是將火浸入蠟裡使燭火熄滅，並且可讓芯蕊在熄滅後馬上恢復筆直。

照明的 BASIC LESSON **3**

享受
夜晚的
照明

當太陽西沉、反射在月亮上，讓月光逐漸變亮，
就是天空染成一片藍色的美麗時分。
北歐人將這種時刻稱為
「Blue Moment（藍色瞬間）」。
夜晚來臨的前一刻，雖能看出街道的輪廓，但華美的燈火也益發醒目，
這是一個令人陶醉的美妙時刻。
在北歐，藍色瞬間會持續數小時之久；
在日本，則只有短短的十分鐘左右，
正因如此曇花一現，才有「魔幻時刻」之稱。
接著，在屋內享受照明樂趣的時間終於要開始了。
隨著夜幕籠罩，點亮燈光或燭光，
我們正式走進了豐盈而幸福的照明時光。
由自己來點亮照明的最大好處在於，
我們能配合心情與時間帶，
營造各式各樣的場景與氛圍。
有時，在五彩繽紛的照明中度過特別的時間，也是一種樂趣，
這是為了自己，也為了我們心愛的人。
夜晚的燈火，是存在於我們身邊近距離而溫暖的照明。
讓我們慎重地看待每一盞燈火，
好好地度過優雅的時光吧。

吊燈懸掛下來，營造出彷彿眾人圍著小營火一般的感覺。

LESSON
29

飯廳

用吊燈照亮飯廳

在古代，人類的夜間活動都是圍著火度過。現代人則是在晚餐時間，點亮餐桌上方的吊燈，讓家人團聚在一起。溫暖的餐桌景色，是多麼地令人喜愛。

吊燈在一個空間中具有十足的存在感，因此必須慎重地選擇適合桌子的器具（請參閱COLUMN 4）。懸掛的高度，從桌面到吊燈下緣，距離一般是70cm左右，而懸掛得較低時，能讓同桌之間產生親密感。若是體積較小且造型簡樸的燈具，也可降低至60～50cm。不同的燈罩，會使光線的擴散、穿透方式，產生各式各樣的變化（請參閱COLUMN 5）。

如果擔心自己看上的吊燈太小太暗的話，可以在近處添置一盞立燈做為輔助，以補強亮度上的不足。

▲ 飯廳的吊燈最好配合桌子的大小做選擇。

A333 NAURIS

Artek：H200〔全長1000〕，φ255mm

用聚光燈照亮餐桌

　　若想讓飯廳的布置看起來乾淨清爽，可以用不那麼顯眼的照明器具——聚光燈照亮餐桌。再者，聚光燈不但亮度充足，又能凸顯出菜餚的美味，在氣氛營造上也能產生絕佳效果（請參閱LESSON 37）。

　　用餐時講究的是燈光的「質感」。菜色要顯得可口，就該選擇能將菜餚照出立體感、亮澤感的光源。聚光燈所使用的點光源，能照射出美麗的陰影，並使菜餚散發出潤澤的光輝。相對地，螢光燈等會使物體顯得扁平的光源特性，就照射不出美麗的陰影，因此不適合用來照射菜餚。光源可選擇暖色系的燈泡色（2700～3000K），能以凸顯菜餚，使其看起來更加美味（請參閱LESSON 32）。

◄ 建議使用聚光燈將餐桌確實照亮，同時一併襯托菜餚與餐
　具的亮澤感。

透過亮度調整，
享受各種不同場景

　　晚餐開始，正式揭開夜晚的時間。這是和家人一邊享用佳餚，一邊分享今日所發生之事的重要時間。要如何度過夜晚好呢？不如就從晚餐時刻開始，展現出不同的場景氛圍吧。因為不同場景的營造，就是享受各種不同時光的方式。

　　要用光表現美味的情境，就不能少了「調光」的運用。照明不能只有「開」跟「關」，還要有強有弱，可以如同音量般進行調整。利用調光將餐桌照明稍微減弱，能夠營造出輕鬆舒適的氣氛。例如，準備晚餐時，將照明的亮度調至100%，烹調完成準備開動時就可調至60%，飯後甜點時間再減弱至30%。所謂「色香味俱全」的「色」，就是指食物也要透過眼睛來品嚐，而透過細膩的調光，能讓我們充分「品嚐」各種不同場景的時光。

　　進行調光設置時，雖然可為每個照明器具裝上專屬的調光器，但更方便的做法是使用集中式控制器，一次調整所有照明的亮度。加裝集中式控制器時，需要進行配線工程，建議選擇調光專門製造商Lutron[2]公司所生產的調光器，樣式十分豐富。

---

2 路創電子(Lutron Electronics Co,. Inc.) 是全球頂尖的照明控制器系統的設計商及製造商。產品多達上萬種，銷售據點遍布全球各國，是業界一致推崇的品牌。

▲ 晚餐模式，準備開動時的場景。照明亮度減弱至準備晚餐時的60% 左右。

▲ 甜點時間的場景。亮度再減弱，以30% 的照明享受甜點時光。

吊燈的選擇方式

如要購買新的吊燈，可從考量「哪種器具才會適合？」開始查找。至於實際器具的模擬，可在找到合適器具後再進行。首先，「測量」和「發光效率」將是需要掌握的兩項重點。

在實際要裝設吊燈的位置，測量桌面到光源之間的距離。大致以70cm為基準，如要增加親密感，可再調低高度。另外，也要確認天花板的高度。

01 測量

確實地測量吊燈位置的尺寸。只要測量出桌子的大小，就可了解哪種尺寸的照明器具最合適。例如，如果餐桌的直徑90cm，那麼最好選擇直徑35cm左右的吊燈。同樣地，也要確實測量高度，做為挑選器具尺寸的參考依據。

02 確認發光效率

若裝設在餐桌上方的話，最好能盡量顧及亮度，選擇光量相當於100W的白熾燈做為光源。但如果是裝設在邊桌附近的話，100W會太亮，相當於40W的白熾燈應該就足夠了。

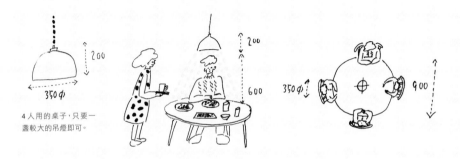

4人用的桌子，只要一盞較大的吊燈即可。

長方形的桌子，可裝設2～3盞較小的吊燈。

色溫

光源的光色統一成燈泡光

▲ 若廚房的光源也和其他房間一樣，統一為燈泡色的話，就能讓整個家的色調整合一致。
浴室、廁所也一樣要統一起來；但意外的是，這些地方另外使用晝白色光源的家庭卻相當地多。
請檢視家中各處，都改成燈泡光吧。

如果將居家照明光源都統一成暖色系的「燈泡色」，就能給人沉穩而和諧的印象。而明朗的自然色／晝白色光源，雖然在白天太陽出來時也不會有格格不入的感覺，卻不適合夜晚閒適悠哉的氛圍。

　　此外，我們往往容易忽略掉廚房的照明。像是將家中基本的照明色調都改成暖色系的燈泡色了，唯獨廚房的光源還留著白森森的晝白色，這樣廚房會不會顯得突兀呢？也把晝白光換成燈泡光吧。只要這一個小小的動作，就能瞬間改變廚房給人的感受。請各位務必檢查家中光源的色調。

光源色調的種類

　　光源的色調（稱為「色溫」）種類繁多，螢光燈與LED的色調變化都相當豐富。不妨配合氣氛或用途，選擇合適的光色。住宅的照明可以統一成和夜晚氛圍相融合的燈泡色。順帶一提，所有白熾燈都屬於暖色系的色調。

　　色溫的單位為K（凱氏溫標），大致可分為以下幾種。數值愈低愈呈現暖色，數值愈高愈顯青白色。

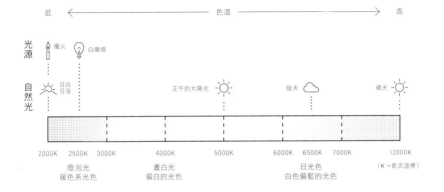

LESSON
33

灑落光

欣賞從裡間
灑落出的光線

　　沒有用牆壁或門扉區隔開的房間，會呈現出曖昧的連結感。這樣的格局搭配照明時反而相得益彰，能製造出愉快的效果。雖然相連的格局常因為「不易收拾」、「冷暖房的效率差」等而不受青睞，但如果能運用照明的變化，反而能展現出十分優雅的效果。

　　即使是房間裡難以利用的邊角處、凹凸的不規則空間、樓梯下斜切的空間等一般視為缺點的地方，只要製造出「光的蹤跡」，就可能悄悄地變身為魅力場所。另外，微微點亮自己沒使用到的偏僻空間，也能讓整間房間顯得更寬廣、深邃，散發出不同於日常的奢華氛圍。建議可以在走廊等動線或角落，安裝有色或帶有細微差異的照明，享受不經意瞥見光線自幽暗處流洩出的樂趣（請參閱LESSON 25）。

　　另外，牆面的質地也是更添照明風情的一項重點。泥作表面等的牆面能夠呈現出明確的陰影變化，尤其能演繹出獨特的迷人效果（請參閱LESSON 5、LESSON 6）。

▲ 在無隔間的相連格局中，可間接欣賞到相鄰房間或樓梯下方的照明。

LESSON
34

用餐結束後

————

享受用餐後的浪漫片刻

　　用餐後的時刻，我們會想輕鬆地聊天。這時，照明也要調整為放鬆模式。舉例來說，在廚房做菜時，餐桌的亮度設為100％的話，甜點時間就調至30％。若能加上蠟燭的使用，那就再完美不過了。

　　配合不同時刻的心情調整照明，是十分重要的事。讓照明的呈現更貼近心裡的感受，可讓每分每秒的流動都顯得豐富又珍貴。

————

◀ 用餐後想放鬆一下時，可將光線大幅調暗。
　讓燈光表達心情感受，是很重要的。

化妝間

Cubetto
Fabbian：H900・W80・D102mm

ROMEO BABE S
FLOS：H90・φ110mm

化妝間裡搭配華麗吊燈

　　在我家裡最講究的，其實是衛浴間的照明。除了機能性要強外，這裡也是家中唯一走奢華路線的地方，讓照明不只是照明，同時也能產生療癒心靈的效果。利用安裝下照燈，凸顯出洗臉台，並在鏡子前設置了吊燈。使用多種的照明，但都可以分別調整亮度，讓光線能表現出明暗和高低起伏。

　　吊燈的燈罩只要是使用雕花玻璃等的素材，就算體積小，在光源照射下還是會閃閃發光，進而營造出華麗感。建議不妨找一個喜愛的款式，讓自己享受一下奢華的感覺。

◀ 在化妝間裡設有多種照明，包括了能夠連結整個衛浴間的間接照明、照亮洗臉台的下照燈，以及洗臉台鏡子前的吊燈。
　每種照明皆可個別調整亮度，以配合心情製造出不同的氛圍。

▲ 在沙發旁放置較矮的落地立燈，可得到親密的近身照明。
TAB F LED
FLOS：H1140．W273．φ240mm

▶ 配合沙發、休閒椅的話，建議使用較矮的立燈，
從地面算起高度約在1,300mm 左右。
邊桌上也可以搭配使用桌上型立燈。
AJ Floor
Louis Poulsen：H1300．W325mm

沙發旁
可搭配較矮的落地立燈

　　落地立燈有各種不同的高度。用來搭配長沙發或單人沙發等放鬆身心的座椅時，建議選擇站立高度約到胸口（1,300mm左右）的立燈款式。

　　如此一來，在看書之類的活動時也能得到充足的亮度，且能單獨照亮沙發四周，製造出一種有人在這裡活動的氛圍。高度稍矮的立燈，能與坐在沙發上的人形成距離剛剛好的高度。若是選擇小型而簡單的立燈，就能輕鬆移動，使用起來十分方便。

▲ 用聚光燈照亮窗邊的展示角落。
　配合季節更換展示的小物,也是一種樂趣。

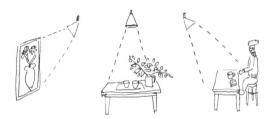

用聚光燈照亮展示品

在充滿柔和照明的室內，用聚光燈好好地打亮喜愛的物品吧。這樣能使照明產生強弱形成高低起伏，為空間帶來戲劇性的效果。聚光燈可投射的範圍相當廣，像是桌子、櫥櫃、牆壁、繪畫、花卉、裝飾……都能自由地投射，十分便利。

在裝設上，可分為軌道型和直接安裝型兩種。軌道型一般是利用天花板的配線接頭。另外還有內嵌型、直接安裝型，訣竅是無論用哪一型都要選擇小型且不顯眼的燈具。軌道的顏色則是要配合天花板的顏色。

再者，聚光燈還可以從光的照射廣度來選擇。若要柔柔地照在大片的牆面上，可選擇廣角配光型；若想要醒目地照射在展示品等重點物體上，可選擇窄角配光型；至於桌子等既需要亮度、也希望能有一定的照射廣度的物體，則可選擇中角配光型。

拆掉門扉

飯廳　走廊

———

用間接光製造明亮且寬廣的視覺感

　　間接地從牆壁、天花板反射出來的光線，能將空間溫柔地包覆住，帶給人舒適悠閒的心情。此外，因為視線前方的牆壁、天花板被照亮時，會有種「好明亮喔」的感覺，這正是間接照明的優點所在。

　　這種間接照明雖可設置在各種場所，但建議盡量設置屋內的長形壁面上，才能得到最佳效果。比方說，在一般桌子高度左右的櫃子後側，暗藏長條狀的照明器具，這種間接照明自己DIY就能達成。這樣，當坐在椅子上時，光線會從視線的高度向上擴散，無論放置什麼物品在櫃子上，都會很有模有樣。

———

➤ 我設置了一個從走廊橫跨到起居室的櫃子，並自己加裝了照明。
　利用光線讓牆壁看起來達成一氣，感覺也更加寬敞。
　接上方便操作的按鍵式開關，使用起來更加方便（請參閱COLUMN 6）。

Philips hue 個人連網智慧照明組（hue starter kit）

Philips：E26 口金燈泡型LED 燈

hue 個人連網智慧照明組包括1 個俗稱為「Brige」的智慧橋接器，以及3個LED燈，還可以和其他光源、帶狀的軟燈條、以及放置型LED 燈等串聯使用。

Philips Friends of hue LightStrips（軟燈條）

Philips：H3．W10mm．L2m

Philips Friends of hue LivingColors Bloom（情調燈）

Philips：H101．W130．L126mm

39

繽紛照明

————

用有色燈玩出繽紛色彩

　　為平日使用的立燈或吊燈的光線添加繽紛的色彩，一定會很有趣吧。有顏色的燈光既能讓小朋友開心，又能在客廳裡觀賞電影時製造特別的氛圍。不僅如此，還能在親朋好友聚集的派對上炒熱現場的氣氛。

　　過去，雖然也會使用裝設了紅色、藍色等有色光源的器具，但現在最適合用來營造彩色燈光效果的則是LED燈。市面上甚至還有透過智慧型手機就能簡單操作的LED燈，相當有趣。用絢麗繽紛的有色燈，為生活創造充滿玩心的照明吧。

————

◀ 將裝有燈泡型有色LED 的立燈及間接照明，散布於沙發周圍，讓人徜徉在色彩繽
紛的光環境中。
可透過智慧型手機的APP，變換各式各樣的顏色。

l'uovo
YAMAGIWA：H448・φ330mm

Cesta
Santa & Cole：H570（437）・φ330mm

Cestita
Santa & Cole：H357（287）・φ215mm

40

地平線

自地面升起的照明
創造出不同凡響的燈光效果

　　從地板沿著牆壁，帶狀地向上浮升的上照式照明，令人聯想到雄偉壯闊的地平線。光線從地面一口氣照到天花板上，營造出寬廣開闊的感受。不僅如此，還能使置於地面上的物體形成剪影，製造出印象鮮明的效果。

　　其實，自己動手簡單地DIY就能製造出從地面向上照明的效果，透過在地面上放置照明器具，並將高度剛好能遮住器具的板子立在牆壁前，就大功告成了。

◀ 在地板上安裝上照式照明，讓光線沿著牆面向上照射。
　如此一來，屋內的人和擺放的家具，看起來都會帶有戲劇感。

製造立燈的高低差

立燈的種類繁多，包括可照亮整間房間的高挑型立燈（1,800mm左右）、只照亮有人活動區域的低矮型立燈（1,300mm左右），以及桌上型立燈（500mm～）、落地立燈等等。此外，重量也各有不同。若是放在固定位置使用的話，重量較重也沒關係。高挑的立燈，底座愈重，重心就愈穩，因此有時重量較重的反而較好。較輕的立燈，則是可以配合家具的擺設輕易的移動。

430mm

AKARI 2N

OZEKI：H430．φ250mm

野口勇（Isamu Noguchi）所設計，和紙製的落地立燈。日式摩登感的「行燈」，很容易使用於任何地方。有各式各樣的形狀、大小可供選擇，因此挑選時也會很快樂。可折疊壓扁，收納方便，也能當做特定季節的裝飾擺設。

670mm

ROMEO SOFT TI

FLOS：H670．φ340mm

標準造型的立燈。大小合宜，便於使用又不會太占空間，同時裝有100W的白熾燈泡，功能性強。可放置在較矮的牆邊桌、餐桌等家具上，以調整高度。上下方皆有玻璃遮罩，使光源不會直接被看到。

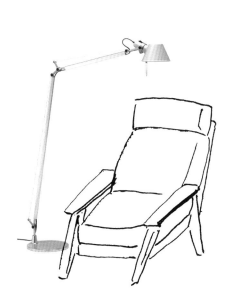

1020 - 1670mm

TOLOMEO LETTURA

Artemide：H1020 〜1670、φ230mm

體積小、機動性高，無論放置在沙發周圍、房間的角落等任何地
方都很合適，十分便利。燈罩部分可旋轉，例如，向上轉變成上照
燈，或是向牆壁照射，光線投射的方向可自由自在地改變。做為
間接照明也是相當好用的一項利器。

1850mm

ROSYANGELIS

FROS：H1850、φ450mm

高挑的落地立燈。是利用有皺褶的布燈罩，使光線能柔美地擴散
開來的逸品。100W 的照明能將周圍充分照亮。布燈罩中暗藏了
圍繞燈泡的乳白色遮罩，即使從下方往上看，也不會感到刺眼。

LESSON
42

庭院

照亮植物以欣賞庭院夜景

　　白天時賞心悅目的戶外景色，到了夜晚，就化作黑漆漆的一片，什麼也看不見。但各位知道嗎？只要照亮栽種於露台、庭院的植物，就能得到絕佳的效果。

　　當露台和庭院的綠意被照亮時，會帶給人無比的寬敞感，感覺就好像屋外多了一間房間。有屋簷的話，也同時將屋簷下照亮，這麼一來就能從屋內看到一幅令人陶醉的夜景。此時，屋外照明的亮度若是100％的話，屋內的亮度請減至30％以下。「屋外明亮，室內昏暗」是欣賞夜景的訣竅。

➤ 若露台、庭院中有屋外用插座的話，只需要將聚光燈設置在盆栽旁。
　我家陽台是將LED聚光燈設置在花槽旁。
　LED燈不會對植物產生熱氣，而且每個月的電費也不高，是屋外照明的絕佳選擇。

鬼影

A330S GOLDEN BELL
Artek：H200〔全長1000〕・φ170mm

Gibsi
BOVER：H240,340,400・W100・D100mm

抑制窗上的倒影

　　室外一變暗，吊燈或立燈就會映在玻璃窗上，看起來就像窗外多了一盞鬼影一樣的燈具。如此一來，窗外的燈光成了多餘的照明，總覺得既干擾又煩雜，讓人無法靜下心來。

　　因此，在窗戶附近設置吊燈或立燈時，應避免光線會向四面八方擴散的款式，最好挑選封閉式或燈罩的色調沉穩的製品。這樣能使窗上的倒影較不明顯，減少對人的干擾。當然，如果能將照明器具設置在遠離窗戶的位置，也就不用擔心窗上的倒影了。

◀ 為避免倒影映在窗戶上，可將吊燈設置在牆壁旁，或選擇有燈罩、光線不易外洩
　的製品。

COLUMN
—N° 05

燈罩的形狀與材質

 燈罩的材質不僅會給人外觀印象，也會對燈光
的效果產生影響。
金屬材質因不透光，光線只能從上或下擴散。
而白色布料或玻璃材質則會讓光線朝四面八
方擴散、布滿周圍。

光線只會向下擴散的款式。可和小物一起放置於房間一
角，當光線落在燈座上，會營造出一種特別的存在感。

吊燈或立燈的燈罩材質，以及光線的擴散方式可說是千變萬化。建議在購買前，先確認空間裡放置哪種樣式的照明器具較好。挑選的同時，也請在腦中想像實際放置在該處後的模樣。

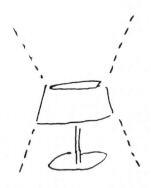

光線會朝上下擴散的款式。燈罩十分搶眼，適合用在需要明亮一些的場所。向上照射的光線，會形成幽微的間接照明在天花板擴散開來。

光線會向四周擴散的款式。造型簡約的立燈，放在任何地方皆適宜。只要有這一盞立燈，就能照亮整間房間。

LESSON
44

派對

派對就是要燦爛奪目

　　週末是與朋友們歡度派對的時間。為了款待客人，除了在料理、美酒、音樂、室內香氛上下工夫之外，我還會多加一項「照明」。

　　只要在飲料區並排多個玻璃杯，並在玻璃杯的空隙間放置蠟燭，就能讓光線互相反射，發出燦爛奪目的光芒。若能將雕花玻璃的器皿也置入其

將許多蠟燭排放在玻璃杯間。玻璃杯上映出閃爍的燭光，能夠營造出特別的風情。

花一點點心思，就能營造出令人驚豔，不同於平日的照明效果。這時，為了凸顯蠟燭搖曳生姿的光芒，也別忘了降低室內照明的亮度。

▲ 減弱衛浴的照明，並點亮香氛蠟燭。
利用滿布於狹窄空間中的燭光與香氛氣味，營造出絕佳的效果。

別忘了布置廁所的照明

隨著夜愈來愈深，客廳、餐廳等家人團聚的場所，亮度也會逐漸調暗。這時，廁所的亮度也要隨之一併調暗。廁所和走廊等通道不同，是我們會待上片刻的地方，因此也要留心廁所與客廳的氛圍和色調，使其連成一氣。

其重點就在於配合時間調整亮度。即使廁所的照明無法調整亮度，也可試試放一盞小型的立燈看看，到了夜晚再切換成立燈。另外，也很推薦在廁所點上香氛蠟燭。在狹窄的空間裡，香氛蠟燭的香氣比較容易布滿於空氣中，因此放置在廁所裡能發揮絕佳的效果。

施展紅色魔法

　　這是一種藉由官能、積極熱情的手法，撩撥慾望、留下特殊記憶、且又高雅的照明方式……我稱它為「紅色魔法」。要不要也來試試這種手法為派對增添情調呢？

　　施展「紅色魔法」必須使用多盞紅色光源的照明。可在平日使用的聚光燈上加裝舞台照明用的燈光色紙，或準備一些紅色的有色燈、有色LED燈。並且將桌子、牆壁表面布置成白色或紅色，再以紅色的光源照射，初步布置就完成了。另外，桌面若為玻璃材質的話，光線會穿透過去，最好鋪上白色或紅色的桌布。

　　在燈光照射的展示品中，若增添銀色或金色的物品，反射出的光澤會比較收斂；若是增添紅色的物品，則能讓紅光更加厚實飽滿。比方說，可準備紅色的核果、或是莓果、葡萄、花朵等。記得將放置在桌上的蠟燭裝入紅色的容器裡頭。至於音樂，可播放帶有官能氛圍的，像是古典樂或歌劇等。

▶ 使用大量的紅色燭台和紅色照明的紅色世界。
　沉浸在「紅色魔法」中的時光，總是會留下特別的記憶。

紅色魔法

47

浴室

———

為泡澡時光製造幸福的照明

能舒緩、療癒身心的泡澡時間，是許多人每天都很期待的。在我家，浴室也很講究照明。設有連結整個衛浴間的間接照明，和照亮美麗浴缸的下照燈。

另外，調光功能也在浴室大大地發揮了功效。早晨和白天時設定為100％，能帶來明亮而清爽的感覺；晚間的泡澡時間則減至40％的放鬆模式；深夜再降到10％，以度過睡前的幽靜片刻。也就是說，要隨著自己的心情調整照明。倘若浴室沒有調整亮度的功能，也可利用從更衣室外洩的光線，以及多點亮一些蠟燭的方式，請各位不妨嘗試看看在這樣的放鬆模式下度過泡澡時光。

利用能療癒身心的「幸福照明」，讓泡澡時光成為一天之中的特別時光。

———

▶ 在浴室內，設有與洗臉台、廁所共用牆面的間接照明，
並且設置了照亮浴缸的下照燈。

調光

Diamond ／Swirl Table Stand
Fabbian：H400・φ240mm

MISS K T SOFT
FLOS：H432・φ236mm

看得見燈泡 ✕

LESSON

48

調光

———

用調光實現舒適的
床邊照明

　　做為床邊照明的立燈光源，若能像眼瞼緩緩地闔上般，靜靜地淡出是最理想的。因此，幫立燈加裝家庭用調光器，將控制開關放在伸手可及之處，使用起來也會更加方便（請參閱COLUMN 6）。若要加裝調光器的話，可選擇明暗轉換順暢的白熾燈。

　　另外，也要留意光源的高度，盡量調整至不會直射眼睛的位置。可選擇附有遮罩、躺在床上時不會從下方看到光源的產品，這樣的燈具即使置於近身處也不會感到刺眼，是床邊的最佳選擇。

———

◀ 將床邊的照明調整至躺在床上時也不會直接看到光源的位置，就能讓人感到自在舒適。

和孩子一起馳騁夢想的照明

我小時候，家裡有很多獨特的照明器具。有用復古玻璃製成、有著雲朵圖案裝飾的雲朵造型立燈，也有光線會照在火箭形狀的紅玻璃上的立燈，還有當做間接照明使用的小型立燈等等。

每當隨季節變換房間的圖案、或變動家具配置而調動燈具時，我都會認真地思考「這燈具該放在哪裡呢？」、「該如何擺設呢？」，並以此為樂。孩子們對事物的感受性，超乎大人的想像，他們對於有趣的東西、舒服的東西、美麗的東西、令人感到幸福的事物，是十分敏感的。因此，也會希望讓孩子在生活中多加體驗各種豐富的光線，留下美好的記憶。

尤其重要的是，大人最好能陪著孩子在詩意般的照明中度過睡前的片刻。偶爾可以坐在窗邊，沐浴在晚風中，關上所有的燈光和聲響，一邊閱讀繪本，一邊眺望星星月亮，或說說話。

特別的時光是由許多東西組合而成的，光線也是其中的一環。燈光一暗，所有東西就消失，像魔法一般！然後，和孩子一起，馳騁在夢中的光吧……

➤ 為孩子們製作的「夢的牆板」。
　裝上一盞英戈・毛瑞爾 （Ingo Maurer）所設計的長著翅膀的壁燈，並將牆板放在窗邊。
　孩子可以一邊欣賞月光，一邊讀書。

LESSON
50
夢的天花板

———

為甜蜜夢鄉打造
「夢的天花板」

互道晚安、和進入夢鄉的臥房，是一天結束時的舞台場景。當我們躺在床上時，若能看到素樸的天花板上擴散著柔柔的光芒，也會感到身心舒暢，讓一整天的情緒得以歸零。這樣的天花板，我稱它為「夢的天花板」。

做法是天花板上不要裝設任何照明器具，將天花板當做畫布，讓光線揮灑於這片畫布上。取而代之的，準備一盞立燈放在床邊，讓光線悠悠地向四周擴散。想要照明更明亮的人，可在床頭片處再加設間接照明。倘若空間足夠，也可在房間的一角掛上一盞大型吊燈，營造出印象深刻的照明風景。

此外，別忘了加裝一個躺在床上也能在手邊調光或切換ON／OFF的開關裝置（請參閱COLUMN 6）。最近，市面上還推出了十分方便的無線遙控開關。

———

▼ 臥房裡只須一盞光線會朝四面八方擴散的立燈，就能柔和地照亮整間房間。
即使躺在床上閱讀，報章雜誌上的字也十分清楚。
機能性強又能令人放鬆的照明，最適合睡前使用。別忘了加裝手邊調光器。
GLO-BALL F
FLOS：H1350・φ330mm〔F1〕、H1750・φ330mm〔F2〕、H1850・φ450mm〔F3〕

LESSON
51

半夜

——

深夜不刺眼的照明

　　各位是否曾有在半夜醒來時，因為走廊或廁所的刺眼燈光，而感到不愉快呢？在走廊、廁所等場所，只有下照燈的ON和OFF開關可選擇的家庭應該很多吧。這種情況可活用腳燈來解決。只要在腳燈前放置小型植物，就能獲得間接照明般的效果。或者，也可嘗試在房間或樓梯的轉角處，將小型植物和照明設置在一起。這些都是將枝葉剪影與間接光設置成一組就能完成的。像這樣隱藏在植物或物品背後的照明，叫做「躲貓貓燈光」（請參閱LESSON 26）。

　　在邊邊角角的空間裡，並不需要十分充足的亮度。光只是將天花板上的下照燈改成這種躲貓貓的照明組合，就能讓照明變成「低矮且親近人的光」，營造出沈靜的氛圍。

▲ 躲貓貓燈光

在走廊或房間的角落，設置一組植物與小型照明，就能
簡單地布置出半夜醒來不會感到刺眼的光源。
在照明器具和插座之間接上延長線或家庭用調光器，就
能用調光鈕調整亮度（請參閱COLUMN 6）。

▲ 照射地面的間接光

在衛浴間等處的洗手台下方裝上間接照明，並照向
地面的話，就能製造出浮在空中、而且讓空間更加
寬敞的效果。
向地面照射的間接光，柔和不刺眼，最適合當做夜
間照明使用。

LESSON
52
聖誕節

聖誕節的燈飾
給人極致的幸福感

　　聖誕節是一年一度眾所期待的日子。由於冬季是晝短夜長的寒冷季節,因此溫暖的照明也更討人喜愛,任何更添光輝的照明效果,都教人雀躍不已。

　　美國在11月底的「感恩節(Thanksgiving Day)」這一天,和日本的過年一樣,會與家人、親戚齊聚一堂。感恩節一結束,差不多就要開始裝飾聖誕樹了。每年多少添購一些喜歡的裝飾品,也是此時的一大樂趣。從過去朋友贈送的、或自己手作的飾品,回憶也紛紛被喚起。

　　屋內,纏繞著燈飾的冷杉閃閃發光的姿態,是一幅分外迷人的燈景。因為,這是一年只會登場一次的、特別的照明。在昏暗的房間裡,獨獨點亮冷杉上的燈飾,靜靜眺望,也是一種帶來心靈平和的幸福時光。

　　請好好珍惜這段感動人心的時刻。

▲ 掛滿飾品與燈飾的聖誕樹。
　每年一到接近聖誕節時，總是令人期待不已。

光源和燈頭座的種類與挑選方式

	燈帽						
	E26			E17			E11
白熾燈	石英燈	省電鹵素燈	光束燈泡	小型氪氣燈泡	小型反射燈	水晶燈用燈泡	鹵素杯燈
螢光燈	燈泡型螢光燈	無		小型氪氣型螢光燈	無	無	無
LED	燈泡型LED	光束型LED		小型氪氣型LED	小型反射型LED	水晶燈用型LED	鹵素杯型LED

好用的家庭用調光器

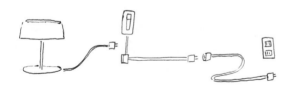

只要接上立燈等照明，就能輕輕鬆鬆在手邊處順利地調整亮度。多數產品只適用於白熾燈，而不能使用於LED，因此購買前請仔細確認。

光源的「燈帽燈頭座」有共通的規格。只要燈帽燈頭座相容，無論是白熾燈、螢光燈，還是LED燈都能互換使用（但是要注意電容器是否有過載使用可能）。不同的光源分別使用在不同的地方較為妥當。比方說，走廊、庭院等停留時間較短的場所，或只是用做從遠方眺望的照明，就可選用經濟實惠的光源。飯廳、寢室等讓人長時間放鬆身心的場所，必須重視調光的順暢度，則可選擇自己喜愛的白熾燈。此外，每種光源在色溫、調光與否、光線的擴散程度等部分，又有各式各樣不同種類。不過，在光源的選擇上，最重要的還是「對自己而言是否舒適愜意？」。要建立起「自己專屬的照明風格」，就要從了解自己喜歡什麼樣的光源開始著手。

燈帽				
EZ10	Gu5.3	G9	G13	G10q
鹵素杯燈	鹵素杯燈	兩腳鹵素燈泡	無	無
無	無	無	直管螢光燈	環型螢光燈
鹵素杯型LED	鹵素杯型LED	兩腳鹵素型LED	直管型LED螢光燈	LED環型螢光燈

方便的插座 ・ 開關電源線

手邊按鍵式開關

接上照明器具後，輕輕觸碰就能控制on／off的遙控開關。將開關設置在伸手可及之處，就能提高操作便利性。

腳踏式開關

接在落地立燈等照明器具上，用腳踩就能輕鬆控制on／off的腳踩式遙控開關。

※ 在布置照明的同時，請留意光源和牆壁、物品之間的安全距離等，應避免漏電或火災等災害發生。

幸福的「照明魔法」

————

「光」存在於人們的生活中。除了陽光、月光等自然光之外，正因為還有人工照明，我們的生活才得以成立。現今以節能型器具為主流、陸陸續續開發的新照明等諸多資訊是人人唾手可得的，然而卻有很多人反倒不知道該如何挑選生活照明了。再者，雖然日本人對於節能有愈來愈高的共識，但據說從全球來看，日本的住宅照明仍太過明亮。我以為，解決這些問題的關鍵，或許就在讓每個人對生活照明有更多的興趣、對於什麼是「讓自己感到舒服的照明」產生敏感度。

今後將逐漸轉為追求「照明質地」的時代。所謂「質地好的照明」，應該是注重能源的同時、也考慮到對人心影響的舒適照明。為「想要享受照明的人」，寫出一本無論在任何時代閱讀，都能觸動人心的書——是我撰寫這本書時的宗旨。

如果「照明」能貼近自己的心情的話……

時而，被一瞬間的美麗光芒，點亮了好心情；

時而，在柔和的照明中度過夜晚，經歷一段寶貴的時光；

有時，在昏暗得恰到好處的照明中，療癒一整天的疲勞、使心情平靜；

有時，孩子們在玩具般的照明世界中，開心地玩耍；

有時，派對中令人驚艷的照明裝飾，為大家營造出更加歡樂的氣氛——

生活的照明設計，不只是滿足功能需求就好，更該讓照明與我們的心境產生密不可分的關係。享受照明的第一步，是從發現自己身邊小小的照明之美、並從中獲得感動開始。而且意外地簡單，任何人都辦得到也是照明的魅力所在。我們身邊似乎還有許許多多幸福的「照明魔法」，等著我們去發掘。

————

村角 千亜希

協力商店　※括號內是本書中所介紹的廠商

Artek Japan	TEL +81-3-6447-4981（Artek）
OZEKI	TEL +81-58-263-0111（AKARI）
Studio NOI	TEL +81-3-5789-0420（INGO MAURER）
DETAIL inc	TEL +81-3-5724-7012（KIKKERLAND）
FLOS JAPAN	TEL +81-3-3582-1468（FLOS）
飛利浦顧客中心（日本）	TEL +81-120-91-4408（Philips）
YAMAGIWA Tokyo Showroom	TEL +81-3-6741-5800（YAMAGIWA、Artemide、LUCEPLAN）
Lynn Inkoop	TEL +81-3-6323-8293（LineMe、Santa & Cole）
Lutron Asuka	TEL +81-3-6866-8444（Lutron）
Louis Poulsen	TEL +81-3-3586-5341（Louis Poulsen）
LUMINABELLA Toky	TEL +81-3-5793-5931（BOVER、Fabbian）

特別鳴謝

MARIA & YOKA IWATA
甲嶋Jun子
Fujiya 菜穗
三田伊理也＋三田雅代（Armadillo）
藤井直樹（STYLE）
本田匠（Takumi Sakan）

工作人員

裝幀、正文設計和插圖	小寺練（surmometer inc.）
照片拍攝	水谷綾子（封面、LESSON02、05 左、06 左、07、08、10、12 ～26、29 ～37、39 ～40、42 ～48、49 右、50 ～52、COLUMN01、03、04、05）、Nacasa & Partners（LESSON40）、廣瀨奈津子（page024-025），其他皆為作者拍攝
組織統整	加藤純（CONTEXT）
編輯	廣瀨奈津子
印刷	圖書印刷

國家圖書館出版品預行編目（CIP）資料

照明魔法 / 村角千亞希作；李瓔祺譯. ―― 修訂二版. ―― 臺北市：易博士文
化, 城邦文化出版：家庭傳媒城邦分公司發行, 2022.09
面 ； 公分 ―（Artbase）
譯自：あかりの魔法照明で暮らしが変わる
ISBN 978-986-480-241-8（平裝）

1.照明 2.燈光設計 3.室內設計

422.2   111012441

CRAFT BASE 29
照明魔法

原 著 書 名 / あかりの魔法　照明で暮らしが変わる
原 出 版 社 / 株式会社エクスナレッジ
作　　　者 / 村角千亞希
譯　　　者 / 李瓔祺
選 書 人 / 蕭麗媛
編　　　輯 / 鄭雁聿、呂舒峮

業 務 經 理 / 羅越華
總 編 輯 / 蕭麗媛
視 覺 總 監 / 陳栩椿
發 行 人 / 何飛鵬
出　　　版 / 易博士文化　城邦文化事業股份有限公司
　　　　　　台北市中山區民生東路二段141號8樓
　　　　　　電話：（02）2500-7008　傳真：（02）2502-7676
　　　　　　E-mail: ct_easybooks@hmg.com.tw
發　　　行 / 英屬蓋曼群島商家庭傳媒股份有限公司城邦分公司
　　　　　　台北市中山區民生東路二段141號2樓
　　　　　　書虫客服服務專線：（02）2500-7718、2500-7719
　　　　　　服務時間：週一至週五上午09:30-12:00；下午13:30-17:00
　　　　　　24小時傳真服務：（02）2500-1990、2500-1991
　　　　　　讀者服務信箱：service@readingclub.com.tw
香港發行所 / 劃撥帳號：19863813　戶名：書虫股份有限公司
　　　　　　城邦（香港）出版集團有限公司
　　　　　　香港灣仔駱克道193號東超商業中心1樓
　　　　　　電話：（852）2508-6231　傳真：（852）2578-9337
馬新發行所 / E-mail：hkcite@biznetvigator.com
　　　　　　城邦（馬新）出版集團Cite(M) Sdn. Bhd.
　　　　　　41, Jalan Radin Anum, Bandar Baru Sri Petaling,
　　　　　　57000 Kuala Lumpur, Malaysia.
　　　　　　電話：（603）90578822　傳真：（603）90576622
　　　　　　E-mail：cite@cite.com.my
美 術 編 輯 / 林佩樺
封 面 組 成 / 劉淑媛
製 版 印 刷 / 卡樂彩色製版印刷有限公司

SHOUMEI DE KURASHI GA KAWARU AKARI NO MAHOU
© CHIAKI MURAZUMI 2015
Originally published in Japan in 2015 by X-Knowledge Co., Ltd.
Chinese (in complex character only) translation rights arranged with
X-Knowledge Co., Ltd.

■ 2016年10月4日 初版一刷（原書名為《女設計師的家這樣玩照明》）
■ 2018年7月26日 修訂（更定書名為《照明魔法》）
■ 2022年9月1日 修訂二版一刷
ISBN 978-986-480-241-8

定價500元　HK ＄167